图 解 家 装 细 部 设 计 系 列

Diagram to domestic outfit detail design

书房666例
Study room

主编:董君 / 副主编:贾刚 王琰 卢海华

中国林业出版社

目录 / Contents

对称\简约\朴素\大气\庄重\雅致\恢弘\壮丽\华贵\高大\对比\清雅\含蓄\端庄\对称\简约\朴素\大气\对称\简约\朴素\大气\庄重\雅致\恢弘\壮丽\华贵\高大\对比\清雅\含蓄\端庄\对称\简约\朴素\大气\端庄\对称\简约\朴素\大气\庄重\雅致\恢弘\壮丽\华贵\高大\对比\清雅\含蓄\端庄\对称\简约\朴素\大气\对称\简约\朴素\大气\庄重\雅致\恢弘\壮丽\华贵\高大\对比\清雅\含蓄\端庄\对称\简约\朴素\大气\对称\简约\朴素\大气\庄重\雅致\恢弘\壮丽\华贵\高大\对比\清雅\含蓄\端庄\对称\简约\朴素\大气\对称\简约\朴素\大气\庄重\雅致\恢弘\壮丽\华贵\高大\对比\清雅\含蓄\端庄\对称\简约\朴素\大气\端庄\对称\简约\朴素\大气\庄重\雅致\恢弘\壮丽\华贵\高大\对比\清雅\含蓄\端庄\对称\简约\朴素\大气\对称\简约\朴素\大气\庄重\雅致\恢弘\壮丽\华贵\高大\对比\清雅\含蓄\端庄\对称\简约\朴素\大气\对称\简约\朴素\大气\庄重\雅致\恢弘\壮丽\华贵\高大\对比\清雅\含蓄\端庄\对称\简约\朴素\大气\端庄\对称\简约\朴素\大气\庄重\雅致\恢弘\壮丽\华贵\高大\对比\清雅\含蓄\端庄\对称\简约\朴素\大气\对称\简约\朴素\大气\庄重\雅致\恢弘\壮丽\华贵\高大\对比\清雅\含蓄\端庄\对称\简约\朴素\大气\对称\简约\朴素\大气\庄重\雅致\恢弘\壮丽\华贵\高大\对比\清雅\含蓄\端庄\对称\简约\朴素\大气\端庄\对称\简约\朴素\大气\庄重\雅致\恢弘\壮丽\华贵\高大\对比\清雅\含蓄\端庄\对称\简约\朴素\大气\对称\简约\朴素\大气\庄重\雅致\恢弘\壮丽\华贵\高大\对比\清雅\含蓄\端庄\对称\约\朴素\大气\恢弘\壮丽\华贵\高大\对比\清雅\含蓄\端庄\对称\约\朴素\大气\恢弘\壮丽\华贵\高大\对比\清雅\含蓄\端庄\对称\庄重\

CHINESE
中式典雅

雕花、隔扇、镂空是传统的中式风格的装饰物，白色或米黄色的墙面是中式
装修墙面的主要色调，怀旧与情调的搭配、天然与淳朴是中式背景墙的魅力所在，
让人在繁华与喧闹中找到心灵的安静。

桌案上的方灯营造秉烛夜读的文化氛围。

矮椅背中式座椅彰显庄重的显达气质。

梯形桌腿打破了中式家具的古板。

纯白沙发的介入将现代舒适融进中式摆置中。

斜置的桌案使空间布局更有生活品味。

大理石与木质桌案相接混搭出协调的个性。

标准的老式明清家具似乎把人拉入旧年代。

充满意境的盆栽增添中国风韵。

方正的中式书柜为凌而不乱的混搭空间定下稳定基调。

处于低空间的中式桌椅为房间打下扎实稳固的格调。

木质板材横竖穿接成便捷朴素的简易书柜。

似年轮一样发散的五边形隔顶传递生生不息的自然哲理。

浅处理后的木色使书房明亮轻松。

两幅挂画用变幻的方位展现逻辑的巧妙。

中式规整与简约现代打造明快利落的书房。

白色与蓝色的融入让沉闷的书房欢快起来。

简易的现代灯具搭配上桌案的和谐。

安置欧式座椅体现出对闲适优雅的追求。

对书房各线条的加重或轻巧的处理。

墨黑铮亮的桌案有一种现代感。

一盆仙人掌带入绿色的生机又省去打理的烦恼。

带着小桌案的中式长椅是狭长书房的最佳配置。

铁质支架载厚重木板尽显混搭魅力。

夸张的欧式桌腿尽显贵族气质。

棕色中式木隔断颇具年代感。

桌案标准的中式细节将传统之美尽显。

延展的桌案使人心情开阔舒畅。

中式花鸟图安静地呈现出林中雅兴。

简洁的座椅套以会议感拉人进入专注的阅读时光。

窗前的中式桌案明媚更自然。

金属桌腿为中式书房带入时尚的现代感。

时尚地毯搭配中式桌案显示出与时俱进的文化魅力。

简单的设计给了桌椅轻松明快的气质。

用舒适的沙发代替中式木椅展现对悠闲氛围的热爱。

书桌底层为阅读时闲杂物件提供省地的收纳区。

经过冷处理的中式物件韵味却悄悄扩散。

饱和度极高的绿黄色使书房也活跃生动起来。

一抹亮黄跳色让人阅读心情更加愉悦。

中式经典与舒适现代结合的沙发让人眼前一亮。

泛黄的木色书柜在灯光下有着蜜一样浓郁的自然感。

斜面楼层空间打造别样的中式阅读区。

书柜的黄绿色运用在传统中掺入些俏皮。

设计独特的座椅将传统与现代混搭至极致。

以厚重华美的纱帘打造可敞开可密闭的阅读空间。

榻榻米的设计营造出日式清雅的氛围。

有些夸张的座椅在传统中混入了海滩风情。

绣有中式花样的饱满靠垫有一种华丽丽的舒适感。

反光涂层的运用让阅读区无比亮堂。

欧式顶灯在中式家装里也如此和谐。

拉长的座椅以慵懒的姿态带给人闲适的时光。

中式镂空格栅有一种精致复杂的传统美。

狭窄的走廊尽头也可以是简易的阅读区。

一两盆绿植在书卷气中混入自然风。

一个简单靠枕就把小飘窗打造成天然的阅读区。

一组中式桌椅为跳跃的时尚空间奠定沉稳的基调。

中式格栅使书房更加具有传统意境。

木质长凳配沙发提供可懒散可正襟的阅读方式。

明光下的灰空间时尚感不言而喻。

墙角的丝竹营造清雅的阅读环境。

中式架构披上时尚外衣简直脑洞大开。

十字吊灯由细节处体现古风韵。

中空的隔断墙给书房带来一点窥见的乐趣。

流动 \ 华丽 \ 浪漫 \ 精美 \ 豪华 \ 富丽 \ 动感 \ 轻快 \ 曲线 \ 典雅 \ 亲切 \ 流动 \ 华丽 \ 浪漫 \ 精美 \ 豪华 \ 富丽 \ 动感 \ 轻快 \ 曲线 \ 典雅 \ 亲切 \ 清秀 \ 柔美 \ 精湛 \ 雕刻 \ 装饰 \ 镶嵌 \ 优雅 \ 品质 \ 圆润 \ 高贵 \ 温馨 \ 流动 \ 华丽 \ 浪漫 \ 精美 \ 豪华 \ 富丽 \ 动感 \ 轻快 \ 曲线 \ 典雅 \ 亲切 \ 流动 \ 华丽 \ 浪漫 \ 精美 \ 豪华 \ 富丽 \ 动感 \ 轻快 \ 曲线 \ 典雅 \ 亲切 \ 清秀 \ 柔美 \ 精湛 \ 雕刻 \ 装饰 \ 镶嵌 \ 优雅 \ 品质 \ 圆润 \ 高贵 \ 温馨 \ 流动 \ 华丽 \ 浪漫 \ 精美 \ 豪华 \ 富丽 \ 动感 \ 轻快 \ 曲线 \ 典雅 \ 亲切 \ 流动 \ 华丽 \ 浪漫 \ 精美 \ 豪华 \ 富丽 \ 动感 \ 轻快 \ 曲线 \ 典雅 \ 亲切 \ 清秀 \ 柔美 \ 精湛 \ 雕刻 \ 装饰 \ 镶嵌 \ 优雅 \ 品质 \ 圆润 \ 高贵 \ 温馨 \ 流动 \ 华丽 \ 浪漫 \ 精美 \ 豪华 \ 富丽 \ 动感 \ 轻快 \ 曲线 \ 典雅 \ 亲切 \ 流动 \ 华丽 \ 浪漫 \ 精美 \ 豪华 \ 富丽 \ 动感 \ 轻快 \ 曲线 \ 典雅 \ 亲切 \ 清秀 \ 柔美 \ 精湛 \ 雕刻 \ 装饰 \ 镶嵌 \ 优雅 \ 品质 \ 圆润 \ 高贵 \ 温馨 \ 流动 \ 华丽 \ 浪漫 \ 精美 \ 豪华 \ 富丽 \ 动感 \ 轻快 \ 曲线 \ 典雅 \ 亲切 \ 流动 \ 华丽 \ 浪漫 \ 精美 \ 豪华 \ 富丽 \ 动感 \ 轻快 \ 曲线 \ 典雅 \ 亲切 \ 清秀 \ 柔美 \ 精湛 \ 雕刻 \ 装饰 \ 镶嵌 \ 优雅 \ 品质 \ 圆润 \ 高贵 \ 温馨 \ 流动 \ 华丽 \ 浪漫 \ 精美 \ 豪华 \ 富丽 \ 动感 \ 轻快 \ 曲线 \ 典雅 \ 亲切 \ 流动 \ 华丽 \ 浪漫 \ 精美 \ 豪华 \ 富丽 \ 动感 \ 轻快 \ 曲线 \ 典雅 \ 亲切 \ 清秀 \ 柔美 \ 精湛 \ 雕刻 \ 装饰 \ 镶嵌 \ 优雅 \ 品质 \ 圆润 \ 高贵 \ 温馨 \ 流动 \ 华丽 \ 浪漫 \ 精美 \ 豪华 \ 富丽 \ 动感 \ 轻快 \ 曲线 \ 典雅 \ 亲切 \ 流动 \ 华丽 \ 浪漫 \ 精美 \ 豪华 \ 富丽 \ 动感 \ 轻快 \ 曲线 \ 典雅 \ 亲切 \ 清秀 \ 柔美 \ 精湛 \ 雕刻 \ 装饰 \ 镶嵌 \ 优雅 \ 品质 \ 圆润 \ 高贵 \ 温馨 \ 华丽 \ 浪漫 \ 精美 \ 豪华 \ 富丽 \ 动感 \ 轻快 \ 曲线 \ 典雅 \ 亲切 \ 流动 \ 华丽 \ 浪漫 \ 精美 \ 豪华 \ 富丽 \ 动感 \ 轻快 \ 曲线 \ 典雅 \ 亲切 \ 清秀 \ 柔美 \ 精湛 \ 雕刻 \ 装饰 \ 镶嵌 \ 优雅 \ 品质 \ 圆润 \ 高贵 \ 温馨 \ 流动 \ 华丽 \ 浪漫 \ 精美 \ 豪华 \

EUROPEAN
欧式奢华

EUROPEAN

欧式奢华

　　欧式风格,是一种来自于欧罗巴洲的风格。主要有法式风格、意大利风格、西班牙风格、英式风格、地中海风格、北欧风格等几大流派,是欧洲各国文化传统所表达的强烈的文化内涵。

　　欧式风格强调以华丽的装饰、浓烈的色彩、精美的造型达到雍容华贵的装饰效果,同时,通过精益求精的细节处理,带给家人不尽的舒适。

具有欧式经典曲线的白色小沙发椅突出了书房的格调。

众多的工艺品使欧式书房不仅有书香更有艺术气息。

简约现代的茶座区提供了更舒适悠闲的阅读空间。

一幅书法大气地铺在地上使墨香洒满整个房间。

全部用直线条打造整体与细节的柜子给人利索规整的感觉。

精致雕纹与优雅曲线打造气派富贵的欧式桌椅。

充满几何体变幻的书柜用抽象的轮廓烘托艺术韵味。

优雅的白色营造书房经典的简欧格调。

曲面桌体工艺精巧华美非常。

厚棉垫白沙发将简欧舒适内涵发挥极致。

圆形石膏顶凹槽聚拢黄色光线好似满月一般浪漫。

简欧座椅与时尚书桌的风格对撞恰到好处。

雅致的顶灯玻璃隔层为华美富贵书房的点睛之笔。

深棕色的灯罩使轻快简约的欧式风格多了些成熟安稳。

书桌上的古木纹路刻画出久远的贵族影像。

充满欧式田园风的小桌柜为小空间增添阅读情趣。

极简的设计搭配枣红色有种沉稳宁静的气质。

中式写意画为华丽的欧式书房注入厚重的传统文化。

欧式书桌略有些浮夸的气质被庄重的黑色中和。

在书桌上方打造书柜拿取便捷又不失美观。

书柜旁的摆架为书房添设展示区。

混搭风书房像是拥有一个对艺术钻研狂热的主人。

窗边的大提琴为书房增添美好悠扬的旋律。

奶牛地毯将自然田园风情带入书房。

船舶九宫格挂画为室内吹入自然清新的海风。

独特的设计使座椅既有沙发的舒适又有椅子的便捷。

在壁炉边放置沙发椅使阅读时光宁静而温暖。

订在墙上的欧式书架缓解了略显局促的书房空间。

太阳花纹地毯有一种时尚的朝气。

木制地板温暖了被白色包裹的书房。

阁楼上的书房似有世外桃源般的意境。

亮黑色与方形搭配出具有权势的贵族气息。

一张虎皮地毯为奢华书房增加魄力。

简单的书桌除去繁琐更显经典。

黑白色混搭彰显非主流欧式风情。

客座的素花靠背于严正氛围中透出轻松活泼的感觉。

金黄色多处运用凸显欧式奢华气质。

厚重的皮沙发有一种陷进去的舒适感。

桌上的精致唱片机散发出古典欧式风情。

厚重的皮沙发有一种陷进去的舒适感。

暖暖的格调营造了舒适的场景。

一张精致的中式书桌立于欧式书房中亦有繁复而和谐的美感。

棕黄色皮椅的加入使书房有了一目了然的欧式风情。

在落地窗前设置茶歇阅读区惬意十足。

座椅的嫩粉色给这雍容华丽的书房添了一丝可爱公主风。

蜡烛状顶灯于古典美中掺入现代感。

金属桌腿顶角使书桌于简洁中透出高贵气质。

繁复的银色水晶灯华丽非常。

深沉的黑色透出低调而庄重的奢华感。

木制家居与柔和曲线打造温馨的欧式书房。

经典黑尖腿书桌优雅高贵似一架钢琴。

精致雕刻的厚重桌体传递出深厚的欧洲文化底蕴。

绿色的加入使简欧风格清新活泼起来。

欧式连体书桌柜巧妙的空间利用令人赞赏。

轻弧面书柜散发出柔美圆润的亲切气质。

鹿头墙饰为室内带入自然的田园风。

金属笸筐状桌腿体现自然与现代的融合风格。

座椅上的斑马纹是经典的高档元素。

窗前的帆船使书房清新而舒畅。

翠绿色壁纸使阅读氛围活跃而轻松。

桌上的嫩黄花朵为书房增添甜甜的生气。

亮黑色书桌反映出一道幽蓝为书房添加魅惑。

斜顶小窗引入自然光线照亮书桌。

梯子状滑轮书架个性又便捷。

地毯中大片的棕色与顶中灰色达成冷暖的和谐。

厚实的花边地毯充满富贵的质感。

沙发与地毯是利落空间里的柔软之处。

深黄色木质家具自然而温和。

雅白欧式书桌描绘以旧线条后便有了年代价值感。

金属材质的加入使欧式华丽中闪现时尚光芒。

欧式繁华大地毯经典里透着富贵与高雅。

精美的厚窗帘使书房的华贵只增不减。

桌案上时尚的老物件渲染出另类的怀旧情结。

窗边小桌上的一枝红色花朵将浪漫气氛营造出来。

黄铜色的台灯散发出工艺的魅力。

座椅波浪式扶手优雅而浪漫。

优雅的树枝灯身增添自然艺术性。

书房的红色主基调营造新奇愉悦的阅读氛围。

收敛的桌腿体现出谦虚稳固的品质。

方格红顶与书房的红色相互辉映。

一张黑色精致书桌是白色空间里时尚的焦点。

地毯上发散的曲线为书房增添流水般的意境。

深色精雕实木体现奢华与沉稳的质感。

坐塌的加入让书房中也有了闲适的一隅。

书柜与书桌错开使空间配置更合理。

酒柜式书柜与深灰家装是于纷繁个性中寻找宁静。

白色木质房顶使书房也有了田园清新的风气。

反光木质桌案自然而又与周围的灰黑气质和谐。

书房的氛围因淡蓝色和紫色的添入欢快多彩起来。

更衣室与书房相结合使生活不止方便了一点。

书柜一格格里的灯光让房间看上去亮堂又时尚。

矮重的长黑沙发三面而围透出稳当深厚的文化大气。

白色沙发特质的扶手让人累困之时能够偏头倚靠。

极简风格的书桌柜不仅简洁更加现代。

经典奢华的欧式软装彰显威严华贵的大家气质。

老鹰书架为温馨素雅的书房增添冷冽的犀利。

有着立体节点重叠图案的壁纸在光照下美的让人回味。

独特的玻璃罩台灯有品质更有个性。

深红带穗的椅背有一种欧式皇家气质。

一簇绽放的粉红花束将柔美自然的香气充满书房。

地毯抽象的染色让书房也多了艺术气息。

桌面上银制的摆设考究而时尚。

桌上凌而不乱的书籍与地球仪使书房有了生活气息。

抽象人物挂画排列出充满黑色幽默的时尚感。

用盆栽的自然调和对撞的现代与欧式风格。

studyroom

欧式花样纱帘使自然光更柔和地照入书房。

绒缎窗帘与座椅添加柔软舒适的奢华质感。

座椅上精致的刺绣图案凸显细节处的艺术魅力。

色调相近的摆设与桌椅有一种和谐的美感。

彩色的文化石墙壁是书房充满童趣又自然朴实的一面。

鸟笼水晶灯将奢华低调却不减光芒璀璨。

多宝格式的展示架让书房活跃起来。

瓷白倒碗顶灯充满圆润温婉的气息。

多层柚木书架让书房变得更加大气。

曲线与曲面结合的书桌经典高雅又灵动活泼。

自然＼舒适＼温婉＼内敛＼悠闲＼舒畅＼光挺＼华丽＼朴实＼亲切＼实在＼平衡＼温婉＼内敛＼悠闲＼舒畅＼光挺＼华丽＼自然＼舒适＼温婉＼内敛＼悠闲＼舒畅＼光挺＼华丽＼朴实＼亲切＼实在＼平衡＼温婉＼内敛＼悠闲＼舒畅＼光挺＼华丽＼自然＼舒适＼温婉＼内敛＼悠闲＼舒畅＼光挺＼华丽＼自然＼舒适＼温婉＼内敛＼悠闲＼舒畅＼光挺＼华丽＼朴实＼亲切＼实在＼平衡＼温婉＼内敛＼悠闲＼舒畅＼光挺＼华丽＼自然＼舒适＼温婉＼内敛＼悠闲＼舒畅＼光挺＼华丽＼朴实＼亲切＼实在＼平衡＼温婉＼内敛＼悠闲＼舒畅＼光挺＼华丽＼温婉＼内敛＼悠闲＼舒畅＼光挺＼华丽＼朴实＼亲切＼实在＼平衡＼温婉＼内敛＼悠闲＼舒畅＼光挺＼华丽＼自然＼舒适＼温婉＼内敛＼悠闲＼舒畅＼光挺＼华丽＼朴实＼亲切＼实在＼平衡＼温婉＼内敛＼悠闲＼舒畅＼光挺＼华丽＼自然＼舒适＼温婉＼内敛＼悠闲＼舒畅＼光挺＼华丽＼朴实＼亲切＼实在＼平衡＼温婉＼内敛＼悠闲＼舒畅＼光挺＼华丽＼自然＼舒适＼温婉＼内敛＼悠闲＼舒畅＼光挺＼华丽＼朴实＼亲切＼实在＼平衡＼温婉＼内敛＼悠闲＼舒畅＼光挺＼华丽＼自然＼舒适＼温婉＼内敛＼悠闲＼舒畅＼光挺＼华丽＼朴实＼亲切＼实在＼平衡＼温婉＼内敛＼悠闲＼舒畅＼光挺＼华丽＼朴实＼亲切＼实在＼平衡＼温婉＼内敛＼悠闲＼舒畅＼光挺＼华丽＼自然＼舒适＼温婉＼内敛＼悠闲＼舒畅＼光挺＼华丽＼朴实＼亲切＼实在＼平衡＼温婉＼内敛＼悠闲＼舒畅＼光挺＼华丽＼自然＼舒适＼温婉＼内敛＼悠闲＼舒畅＼光挺＼华丽＼朴实＼亲切＼实在＼平衡＼温婉＼内敛＼悠闲＼舒畅＼光挺＼华丽＼自然＼舒适＼温婉＼内敛＼悠闲＼舒畅＼光挺＼华丽＼朴实＼亲切＼实在＼平衡＼温婉＼内敛＼悠闲＼舒畅＼光挺＼华丽＼自然＼舒适＼温婉＼内敛＼悠闲＼舒畅＼光挺＼华丽＼朴实＼亲切＼实在＼平衡＼温婉＼内敛＼悠闲＼舒畅＼光挺＼华丽＼朴实＼亲切＼实在＼平衡＼温婉＼内敛＼悠闲＼舒畅＼光挺＼华丽＼自然＼舒适＼温婉＼内敛＼悠闲＼舒畅＼光挺＼华丽＼朴实＼亲切＼实在＼平衡＼温婉＼内敛＼悠闲＼舒畅＼光挺＼华丽＼自然＼舒适＼温婉＼内敛＼悠闲＼舒畅＼光挺＼华丽＼朴实＼亲切＼实在＼平衡＼温婉＼内敛＼悠闲＼舒畅＼光挺＼华丽＼自然＼舒适＼温婉＼内敛＼悠闲＼舒畅＼光挺＼华丽＼朴实＼亲切＼实在＼平衡＼温婉＼内敛＼悠闲＼舒畅＼光挺＼华丽＼自然＼舒适＼温婉＼内敛＼悠闲＼舒畅＼光挺＼华丽＼朴实＼亲切＼实在＼平衡＼温婉＼内敛＼悠闲＼舒畅＼光挺＼华丽＼朴实＼亲切＼实在＼平衡＼温婉＼内敛＼悠闲＼舒畅＼光挺＼华丽＼自然＼舒适＼温婉＼内敛＼悠闲＼舒畅＼光挺＼华丽＼朴实＼亲切＼实在＼平衡＼温婉＼内敛＼悠闲＼舒畅＼光挺＼华丽＼自然＼舒适＼温婉＼内敛＼悠闲＼舒畅＼光挺＼华丽＼朴实＼亲切＼实在＼平衡＼温婉＼内敛＼悠闲＼舒畅＼光挺＼华丽＼自然＼舒适＼温婉＼内敛＼悠闲＼舒畅＼光挺＼华丽＼朴实＼亲切＼实在＼平衡＼温婉＼内敛＼悠闲＼舒畅＼光挺＼华丽＼自然＼舒适＼温婉＼内敛＼悠闲＼舒畅＼光挺＼华丽＼朴实＼亲切＼实在＼平衡＼温婉＼内敛＼悠闲＼舒畅＼光挺＼华丽＼朴实＼亲切＼实在＼平衡＼温婉＼内敛＼悠闲＼舒畅＼光挺＼华丽＼自然＼舒适＼温婉＼内敛＼悠闲＼舒畅＼光挺＼华丽＼朴实＼亲切＼实在＼平衡＼温婉＼内敛＼悠闲＼舒畅＼光挺＼华丽＼自然＼舒适＼温婉＼内敛＼悠闲＼舒畅＼光挺＼华丽＼朴实＼亲切＼实在＼平衡＼温婉＼内敛＼悠闲＼舒畅＼光挺＼华丽＼朴实＼亲切＼实在＼平衡＼温婉＼内敛＼悠闲＼舒畅＼光挺＼华丽＼自然＼舒适＼温婉＼内敛＼悠闲＼舒畅＼光挺＼华丽＼朴实＼亲切＼实在＼平衡＼温婉＼内敛＼悠闲＼舒畅＼光挺＼华丽＼自然＼舒适＼温婉＼内敛＼悠闲＼舒畅＼光挺＼华丽＼朴实＼亲切＼实在

PASTORAL
田园混搭

　　自然田园风格的清新、自然、温暖、明丽是人们青睐它的原因，如何在自然田园风情的书房里融入个性、创造时尚，自然田园风格的用料崇尚自然，在装饰上多以碎花、花卉图案为基础，给人浓郁的扑面而来的温暖感觉，色调多是黄、粉、白等暖调。在织物质地的选择上多采用棉、麻等天然制品，其质感正好与自然田园风格不事雕琢的追求相契合。

中式架构与缎面厚软垫让座椅拥有中西合璧的舒适感。

翠绿色的吧台式座椅给人清新愉悦的阅读空气。

中式小茶台搭配靠枕使飘窗透着舒适与禅意。

一株粉红蝴蝶兰将中国风韵鲜活呈现。

木材天然的纹理使简洁的欧式书柜自然淡雅。

羽毛状顶灯将浪漫甜美的氛围带入书房。

橘黄色透明座椅张扬着不拘一格的时尚风气。

文化砖样的地毯散发着拙朴自然的气息。

抽象大花地毯使书房具有灵动释放的美感。

百褶素花灯罩添加精致繁复的欧洲情调。

宽敞的大窗让自然阳光最大限度地洒入高雅书房。

银制镂空花纹搭配紫色缎面打造奢华浪漫的圈椅。

彩色窗帘使书房于自然宁静中多了些愉悦。

吊灯多变的几何体增添变幻的现代美。

极简的书柜以清晰的架构与房间高度融合。

极简的桌凳传递出简捷实用的生活理念。

奶牛斑小箱桌将牧场的清新自然带入欧式书房。

雪景图使人从缭乱的时尚感中找到安详平和之境。

简洁的书架与环境融为一体。

不规则的木质书桌散发着大自然最舒畅清新的空气。

中式柜门与现代挂画碰撞呼应。

简单的飘窗配置更衬窗外花红柳绿的美景。

中空的桌体使房间流通性增强。

延伸飘窗搭配小茶几是无比惬意的闲读领地。

折臂极简台灯满足不同的光强要求。

充满荷尔蒙的挂画为房间增添极强的视觉冲击力。

大幅绘画充满了空间。

极简风格的混搭书房。

成排书架与简洁桌椅搭配出宽敞惬意的家庭图。

桌上古风古韵的物件与欧式艺术品呈现出和谐气象。

自顶灯发散于角落的黄色绸缎别致有趣又温馨浪漫。

长书桌纵向放置延伸出浓烈的阅读氛围。

书房多处竖线条给人传统又通透的感觉。

简洁的顶灯与书架调和了略显繁复的中式桌椅。

飞鹰精雕桌腿于局部尽显艺术美与高贵感。

窗边的油画支架为书房增添另一种文化艺术的魅力。

壁纸有着一种天生的神奇魔力，能为墙面打造出百变妆容。

壁纸有着一种天生的神奇魔力，能为墙面打造出百变妆容。

中式的桌椅于冷温空间中静静释放着温暖。

书桌旁的大镜面使书房空间横向延展。

小水晶灯为书房照人炫目的时尚光彩。

时尚潮流具象而生动地化作墙面上的物件。

中式的地灯照着沙发角落宁静而安详。

宽敞的空间因不同颜色的拼接地砖而饱满起来。

桌椅柜灯的方框结构简单却现代时尚。

可爱靠枕为洁净平淡的空间增添趣味。

优雅的白色覆上中式架构混搭出轻盈又沉稳的太师椅。

精致的纱窗与美丽的花瓶前后呼应。

顶上别致的灯笼既传统又个性十足。

透明的座椅隐藏身形却更夺人眼球。

中式柜架将浓浓的书生气浸入富丽的欧式氛围中。

半开放的书柜将现代结构、欧式背景与中式填充和谐搭配起来。

银色描框与深黑填充形成强烈的对比之美。

精雕旧式方桌上惟妙惟肖的马头彰显传统工艺魅力。

粗木梁穿插于顶有种踏实与怀旧的感觉。

墨绿色的欧式皮沙发奢华而时尚。

虎纹黑白地毯使书房也有了一丝霸气。

白瓷瓶中秃秃的枝条却展现自然的生命力。

多种风格混搭的书房使不同的美交融呼应。

洁白的欧式顶灯浪漫而别致。

透明的座椅不为房间增添一色却存在感十足。

大气的红色地毯铺出了高雅富丽的阅读领地。

在个性的空间里植物也肆意张扬起来。

简单的木色使欧式座椅也朴素天然。

室内高尔夫球设施为书房增添娱乐性。

蓝色的组合沙发椅打造海洋般清新自然的窗前阅读区。

小巧的多肉植物点缀得深色木桌更显自然。

鳄鱼书架带来最危险的自然气息。

华丽的水晶吊灯带入高调的富贵感。

黄绿色的竹子壁纸蕴含清雅高洁的文人气节。

橘红色透明顶灯优雅而靓丽。

不规则的中式方格桌腿集传统与现代于一身。

淡蓝色墙面使极简的书房纯净自然。

纯净的蓝色带来地中海悠闲惬意的风情。

靓丽的橘黄色与湛蓝搭配出愉悦明快的空间。

天然木桌板尽显不事雕琢的自然之美。

淡蓝色积木书桌为深沉厚重的书房减龄。

墙面畅游的木质小鱼传递出灵动的自然生气。

桌面上几只精巧的小鸟似正鸣唱着美妙的音乐。

开放式的书房让书房空间通透起来。

蓝色的绒质座椅让人身心舒畅。

一株白玉兰为书房增添浪漫诗意。

绿色座椅与虎纹地毯使书房的自然表达更多样。

浅绿色的石膏墙打造清新愉快的阅读环境。

深蓝色书柜带来海洋般神秘宽广的气息。

一只简易花瓶即可以自然魅力点缀平实的书房。

满眼淡淡的绿色使视线舒畅而心情放松。

白色沙发椅舒适而不失现代感。

球形吊灯与半圆凹槽组合出诗情画意。

现代小窗前安设的木门起到保温与美观的作用。

优雅婉转的身姿为台灯增添浪漫柔情。

随处可见的盆栽陶冶性情又缓解疲劳。

书香与酒香混合更加令人心神放松而惬意自在。

动物玩偶的加入让书房也有了萌萌哒的气质。

榻榻米上的滑轮小木桌具有装饰性又实用。

白色沙发椅上的铆钉镶边雅致又时尚。

校园写意油画于中式书房中散发青春朝气。

木质房顶与房梁呈现出令人温暖的几何结构美。

一副立体的佛祖挂画使人心得以清净安宁。

中式圆枕以嫩粉色包裹出年轻与活力。

整齐划一的书格因略微的错落参差而灵动起来。

横向贯穿的几排书架装满书籍好似知识的海洋。

木质三角房顶有浓浓的自然田园气息。

精雕木质摇椅于细节处彰显传统文化魅力。

炫彩的抽象挂画展现色彩的艺术魅力。

地毯上鲜艳的黄色与时尚的图案凸显活泼有趣的情调。

天然原始的木质书柜为复古书房增色加彩。

亮黄色的墙壁调高了书房的温度与氛围。

黄绿色为底的繁花壁纸与窗帘清新淡雅。

经典黑色竖条纹打造现代简约的窗帘。

木桌与木雕展现自然与艺术的完美结合。

优雅的白色书桌明快而轻简。

彩色竖条纹壁纸搭配小窗描绘出简单与自由的生活向往。

独具设计感的座椅时尚舒适又通透自然。

一盆多肉植物为书桌加入可爱饱满的自然气息。

延伸的盆栽为简洁雅致的书柜增添一片绿意盎然。

浓烈的深绿色将树叶的勃勃生机染满书房。

零星分布的绿色小物件和小盆栽与窗外绿植相映成趣。

亮堂的大阳台化身小巧精致的开放书房。

方格竖条壁纸展示经典英伦风范。

花纹玻璃推拉门让书房开放通透。

树叶挂画与叶脉状地毯共同演绎自然生命力。

文化砖与拱门结构搭配出古朴自然的韵味。

可爱的蓝白色书柜及写字台让人心情愉悦。

老式电脑与做旧的木家具蕴含返璞归真的意味。

异域风情与东方禅意融合出传承与发扬的文化内涵。

海蓝色的书房营造畅游于书海的意境。

用书箱代替书柜美观实用又使空间不致过分促狭。

狭长的书桌自动排除了凌乱的可能。

随处可见的木偶使书桌柜变为迷你的童话世界。

全开放书柜既拆装便捷又简单实用。

正方形的书桌达到收敛的桌面装饰效果。

时尚简洁的地灯刚刚好照亮简笔挂画的一角。

宽矮的座椅与书桌彰显沉稳的霸气。

竹帘明窗与窄背座椅产生妙不可言的视觉效果。

顶灯向上的光源将交错的光影之美展现无疑。

MODERN 现代潮流

创造\实用\空间\简洁\前卫\装饰\艺术\混合\叠加\错位\裂变\解构\新
潮\低调\构造\工艺\功能\创造\实用\空间\简洁\前卫\装饰\艺术\混
合\叠加\错位\裂变\解构\新潮\低调\构造\工艺\功能\简洁\前卫\装
饰\艺术\混合\叠加\错位\裂变\解构\新潮\低调\构造\工艺\功能\创
造\实用\空间\简洁\前卫\装饰\艺术\混合\叠加\错位\裂变\解构\新
潮\低调\构造\工艺\功能\创造\实用\空间\简洁\前卫\装饰\艺术\混
合\叠加\错位\裂变\解构\新潮\低调\构造\工艺\功能\创造\实用\空
间\简洁\前卫\装饰\艺术\混合\叠加\错位\裂变\解构\新潮\低调\构
造\工艺\功能\简洁\前卫\装饰\艺术\混合\叠加\错位\裂变\解构\新
潮\低调\构造\工艺\功能\创造\实用\空间\简洁\前卫\装饰\艺术\混
合\叠加\错位\裂变\解构\新潮\低调\构造\工艺\功能\创造\实用\空
间\简洁\前卫\装饰\艺术\混合\叠加\错位\裂变\解构\新潮\低调\构
造\工艺\功能\创造\实用\空间\简洁\前卫\装饰\艺术\混合\叠加\错
位\裂变\解构\新潮\低调\构造\工艺\功能\简洁\前卫\装饰\艺术\混
合\叠加\错位\裂变\解构\新潮\低调\构造\工艺\功能\创造\实用\空
间\简洁\前卫\装饰\艺术\混合\叠加\错位\裂变\解构\新潮\低调\构
造\工艺\功能\创造\实用\空间\简洁\前卫\装饰\艺术\混合\叠加\错
位\裂变\解构\新潮\低调\构造\工艺\功能\创造\实用\空间\简洁\前
卫\装饰\艺术\混合\叠加\错位\裂变\解构\新潮\低调\构造\工艺\功
能\简洁\前卫\装饰\艺术\混合\叠加\错位\裂变\解构\新潮\低调\构
造\工艺\功能\创造\实用\空间\简洁\前卫\装饰\艺术\混合\叠加\错
位\裂变\解构\新潮\低调\构造\工艺\功能\创造\实用\空间\简洁\前
卫\装饰\艺术\混合\叠加\错位\裂变\解构\新潮\低调\构造\工艺\功
能\创造\实用\空间\简洁\前卫\装饰\艺术\混合\叠加\错位\裂变\解
构\新潮\低调\构造\工艺\功能\简洁\前卫\装饰\艺术\混合\叠加\错
位\裂变\解构\新潮\低调\构造\工艺\功能\创造\实用\空间\简洁\前卫\

MODERN
现代潮流

　　现代简约风格并不是缺乏设计要素，而是一种更高层次的创作境界。在室内设计方面，不是要放弃原有建筑空间的规矩和朴实，去对建筑载体进行任意装饰，而是在设计上更加强调功能，强调结构和形式的完整，更追求材料、技术、空间的表现深度与精确。删繁就简，去伪存真，以色彩的高度凝练和造型的极度简洁，用最洗练的笔触，描绘出最丰富动人的空间效果。

曲面墙壁凸设平台是空间利用极高的书桌设计。

一款伊姆斯椅轻便坚固而不失时尚特质。

敦实可爱的小巧摇椅勾起萌萌的少女心。

一把深色实木梯既可装饰又可用作高处书籍的取放。

书柜独特的盒中盒设计使摆物有了新风格。

打造开放延展的地面书格与飘窗一举两得。

浅木色家居使合二为一的书房更衣室氛围更和谐。

狭小空间采用透明桌椅开阔视觉感受。

休闲区、办公区与会客区顺次排布在宽敞的书房中。

多处反光材质的运用使书房也流光溢彩。

影影绰绰的树林壁纸开拓视觉并激发想象力。

可以上下调节的窗帘为不同时间段营造最佳光环境。

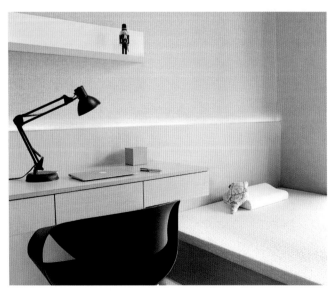

黑色曲面座椅与白色平整床面形成经典对比。

金属灯身与桌腿是书房的时尚焦点。

简约的棕色座椅为黑白书房添彩。

黑白配加极简设计将现代简约极致演绎。

利用卧室的结构巧妙分区打造共享阅读休闲区域。

漆黑与白光交错化作一片静静的禅意。

矮桌椅高柜子打造随性舒心的高度反差。

收腿手扶椅从小改变中呈现大不同的时尚气质。

提高移动性地木质圆环支撑起全面舒适的沙发椅。

时尚圈椅好似垛垛的面包圈趣味十足。

极简书房中添置竹编筐与绿植后更显清新怡人。

内嵌式摆物格将平面延展顺平的舒服感完整保留。

黑色百叶窗与美妙夜景融为一体。

一笔画出的灰蓝靠背椅于极简中体现奇思妙想。

两块黑色镜面用亦真亦幻的影像补充出规整的角落。

深浅不一的原木地板于自然中赋予变化之美。

桌上经过修剪的绿植焕发协调时尚的生机。

黑色与金属拼接桌腿撑起宽大实用的白色书桌。

书柜以经典黑白配区分开放与封闭的书格。

金属材质在光照下为书房增添流动感。

淡蓝色丝质窗帘清新自然又富柔滑质感。

镜面材质的运用营造开阔的书房视觉效果。

整齐划一的文件夹是书籍杂志分类神奇。

黄色与白色相间以活泼多变除却纯白的单一。

墙面镂空的几何体于极简空间中强调个性。

黑色暗花座椅以拟人手法赋予自身高雅端庄的气质。

实木地板为现代式书房增添温暖自然的气息。

绽放的莲花顶灯使书房有了古典艺术美。

球形台灯隐隐绰绰的倒影使打蜡的实木书桌充满诗意。

浅橘黄色搭配漆黑减少跳跃感增添青春朝气。

窗台上飘逸的花枝打造充满意境美的阅读区。

超大动物皮样地毯自天然中透出高端时尚。

深木色软装为工业风书房升温。

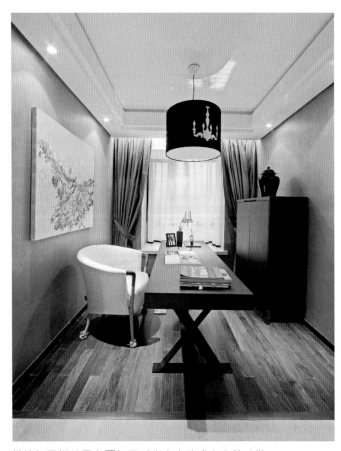

带烛灯图样的黑色罩灯于时尚中向欧式古典美致敬。

深蓝色的窗户与城镇壁纸呼应联想出海边小镇的惬意。

纯白座椅以黑线描边极致简约又极致时尚。

黑白红时尚窗帘与靠垫调和了书房偏暗的轻复古气质。

板直的灰色座椅个性又商务。

高饱和度色彩的加入使书房缤纷绚丽。

白色木质旋转椅现代感与简欧风兼顾统一。

黑色的艺术品在暗色调书房更显神秘诡谲。

蓝色的大面积涂盖使现代空间也自然清新起来。

明亮的落地窗将自然美景借入简约的书房。

靓丽的绿色座椅靠背为平淡书房添入抽象的生机。

金属材质的加入使书房焕发摩登光彩。

大理石地砖为时尚的书房增添奢华质感。

自书桌一侧衍生圆形平台使忙碌的生活更便捷。

彩色的温莎椅于轻复古中四射出缤纷时尚的魅力。

藏在墙中的暗灯照亮了明快流畅的空间。

多面透亮落地窗将天台的自然闲适带入书房。

L形书柜上下参差错落实用又时尚。

深粉色沙发个性张扬又慵懒舒适。

置物柜下三层开放书格与小巧的书桌椅搭配的恰到好处。

黑白挂画与照片随意铺散打造无序经典的时尚感。

灰色的木地板铺出了另类的现代商务格调。

实木书桌自极简的造型中透出现代气息。

凹造型挂画色彩丰富凸显轻快活泼的气质。

饱满的弧形沙发椅既有时尚外观又有舒适质感。

方形书格墙柜气质简约功能强大。

厚重的沙发椅于轻简的书房中添入沉稳庄重的气质。

黄色时尚沙发为浅浅的空间加入色彩与个性。

规整的软坐垫与古朴的木结构实现了和谐共处。

桌面上的抽象人物铜像为书房带入强烈的艺术感。

柔光光带使书房有了温馨明亮的氛围。

一侧的镜面使书房看上去有了宽敞的视觉感。

洁白的家具搭配深木色地板简约明亮又自然温暖。

线条流畅的木质隔顶体现气势磅礴、气质自然的现代美。

一方浅色木桌给时尚的书房留出一片自然舒适区。

椭圆木桌带着叶脉纹路好似静谧世界里一叶扁舟。

浅灰线条交错使左右通透的书房更添轻盈。

艳红色凹造型座椅聚拢热情使人于舒适中保持兴致。

满墙的挂画与书柜相对展列出画面与文字的艺术对撞。

木质镂空隔断任挡不住的书香飘入厅内。

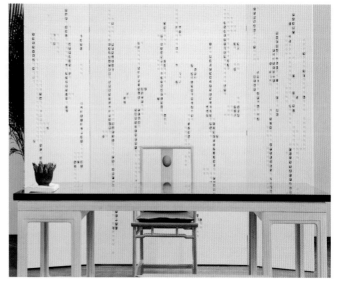

数码般的背景墙使书房充满科技感。

羊毛地毯为纤细光滑的空间增添厚实绵柔的质感。

烤漆红木双层书桌有层次更有档次。

在隔断墙上设置光滑平台即是超值的阅读休息区。

用整面墙做开放式衣柜使空间更统一开阔。

黑色铁质座椅有种利落的潮流感。

灰色雪花墙面使低调成瘾的书房蕴含丰富细节。

书房灰黑交错彰显沉稳绅士的气质。

A 字形木椅加长的坐板使其多了收纳的趣味。

轻复古落地灯具备更加灵活的调节与移动属性。

蓝色素花沙发组合使窗下成为惬意淡雅的阅读区。

绿植与花卉使深木色空间更具生机与雅兴。

炫彩的圆形地毯音乐区充满动感与活力。

所有旁置的桌椅将中心开阔的空间留给了想象。

森林壁纸与透明玻璃前后呼应而使视觉无限延展。

红色木地板暖暖的气息渗入冷色调空间。

半躺式沙发让人尽享轻松悠闲的阅读时光。

朴素的钢琴带入音乐魅力而不打破简约氛围。

椭圆滑轮木桌于方方正正中加入通顺圆滑。

湛蓝色鸟儿写真使室内充满灵动与自然。

优雅的天鹅工艺品为书房添了纯净的艺术气息。

中式山水画瓷缸里种宽叶绿植尽显中国传统韵味。

黑色残缺人物雕塑为书房增添古典欧洲风情。

桌上的蝴蝶兰为现代感十足的书房添加古典意境美。

墙上抽象的水墨挂画于时尚的凌乱中透出传统底蕴。

穿插的木柜墙与倾斜的白柜子拼接出创意十足的背景。

宽大的白色罩灯以可爱的气质装饰了宽敞温暖的书房。

书房满载的文化内涵于大面积砖样地毯中抽象体现出来。

两边宽中间窄的木桌使书籍与艺术品的摆放自然分开。

嵌有黑色亮条的木色房顶于自然中透出现代感。

简约的浅木色书桌柜体现出平凡的真实。

全黑的书柜于淡色空间中形成反差美。

以玻璃代替墙面使书房内外更通透统一。

深色对称电视柜前放置桌椅打造多功能时尚空间。

浅红色座椅和桌腿为简约书房添加鲜活灵动的感觉。

深灰色软垫沙发搭落地灯即是一方现代舒适的阅读天地。

金色台灯是书房奢华质感的唯一担当。

扭转的水平顶灯使室内光线更均匀。

橘黄色烤漆书桌照亮了空间也活跃了氛围。

俏皮的小女孩挂画使自然的书房更添青春个性。

深木色地板为明快简约的书房增添质朴与自然。

木质书桌与木地板高度融合为天然和谐的一体。

轻便座椅搭简洁台面打造实用又轻盈的阅读区。

木门画砖块拼出返璞归真又突破传统的阅读区。

海蓝色与浪白色交错呼应带来洋流奔腾的气息。

座椅上变幻的镂空三角形看上去个性又美观。

造型独特的深蓝色地毯充满魅惑也饱含深情。

弯弯的书桌搭配功能槽就是一张开心的笑脸。

不同表情的木椅带给书房多变的气质。

肆意创作的彩色挂画与规整朴素的书房形成对比美。